身边的科学

万物由来

鞋

郭翔 / 著

读漫画 / 知常识 / 晓文化 / 做实验

北京理工大学出版社
BEIJING INSTITUTE OF TECHNOLOGY PRESS

图书在版编目（CIP）数据

万物由来.鞋/郭翔著.—北京：北京理工大学出版社，2018.2（2018.9重印）

（身边的科学）

ISBN 978-7-5682-5169-3

Ⅰ.①万… Ⅱ.①郭… Ⅲ.①科学知识—儿童读物 ②鞋—儿童读物 Ⅳ.①Z228.1②TS943-49

中国版本图书馆CIP数据核字（2018）第001986号

出版发行 / 北京理工大学出版社有限责任公司

社　　址 / 北京市海淀区中关村南大街5号

邮　　编 / 100081

电　　话 /（010）68914775（总编室）

　　　　　（010）82562903（教材售后服务热线）

　　　　　（010）68948351（其他图书服务热线）

网　　址 / http://www.bitpress.com.cn

经　　销 / 全国各地新华书店

印　　刷 / 北京市雅迪彩色印刷有限公司

开　　本 / 889毫米×1194毫米　1 / 16

印　　张 / 3

字　　数 / 60千字

版　　次 / 2018年2月第1版　2018年9月第4次印刷

定　　价 / 24.80元

责任编辑 / 张　萌

策划编辑 / 张艳茹

特约编辑 / 马永祥

　　　　　 董丽丽

插　　画 / 张　扬

装帧设计 / 何雅亭

　　　　　 刘龄蔓

责任校对 / 周瑞红

责任印制 / 王美丽

开启万物背后的世界

树木是怎样变成纸张的？蚕茧是怎样变成丝绸的？钱是像报纸一样印刷的吗？各种各样的笔是如何制造的？古代的碗和鞋又是什么样子呢？……

每天，孩子们都在用他们那双善于发现的眼睛和渴望的好奇心，向我们这些"大人"抛出无数个问题。可是，这些来自你身边万物的小问题看似简单，却并非那么容易说得清道得明。因为每个物品背后，都隐藏着一个无限精彩的大世界。

它们的诞生和使用，既包含着流传千古的生活智慧，又具有严谨务实的科学原理。它们的生产加工、历史起源，既是我们这个古老国家不可或缺的历史演变部分，也是人类文明进步的重要环节。我们需要一种跨领域、多角度的全景式和全程式的解读，让孩子们从身边的事物入手，去认识世界的本源，同时也将纵向延伸和横向对比的思维方式传授给孩子。

所幸，在这套为中国孩子特别打造的介绍身边物品的百科读本里，我们看到了这种愿景与坚持。编者在这一辑中精心选择了纸、布、笔、钱、鞋、碗，这些孩子们生活中最熟悉的物品。它以最直观且有趣的漫画形式，追本溯源来描绘这些日常物品的发展脉络。它以最真实详细的生产流程，透视解析其中的制造奥秘与原理。它从生活中发现闪光的常识，延伸到科学、自然、历史、民俗、文化多个领域，去拓展孩子的知识面及思考的深度和广度。它不仅能满足小读者的好奇心，回答他们一个又一个的"为什么"，更能通过小实验来激发他们动手探索的愿望。

而且，令人惊喜的是，这套书中也蕴含了中华民族几千年的历史、人文、民俗等传统文化。如果说科普是要把科学中最普遍的规律阐发出来，以通俗的语言使尽可能多的读者领悟，那么立足于生活、立足于民族，则有助于我们重返民族的精神源头，去理解我们自己，去弘扬和传承，并找到与世界沟通和面向未来的力量。

而对于孩子来说，他们每一次好奇的提问，都是一次学习和成长。所以，请不要轻视这种小小的探索，要知道宇宙万物都在孩子们的视野之中，他们以赤子之心拥抱所有未知。因此，我们希望通过这套书，去解答孩子的一些疑惑，就像一把小小的钥匙，去开启一个大大的世界。我们希望给孩子一双不同的看世界的眼睛，去帮助孩子发现自我、理解世界，让孩子拥有受益终生的人文精神。我们更希望他们拥有热爱世界和改变世界的情怀与能力。

所谓教育来源于生活，请从点滴开始。

北京理工大学材料学院与工程学院

教授，博士生导师 王营

鞋豆豆成长相册

嗨，大家好，我叫鞋豆豆，是一双喜欢走来走去的鞋子。每天，我都陪着人们去往不同的地方，为此，我和我的鞋家族经历了很多有趣的故事，一起来看看吧。

我的祖先是由兽皮做成的

我和鞋子家族的磨炼

我的实践课——参观现代化制鞋厂

我很享受踩在轮子上飞起来的感觉

我喜欢跟着人们到世界各地去旅行

我梦想着有一天能遨游在太空中

目录

多姿多彩的鞋世界

　　每天，你是不是都会为自己的脚选择一双喜欢的鞋子呢？这样，鞋子既可以保护我们的双脚不受到伤害，又可以让我们看起来更美观。而且，鞋子还有各种各样的功能，比如跑步用的跑鞋，下雨天穿的胶鞋，跳舞用的芭蕾舞鞋……它们就像脚的好朋友一样，在生活中总是形影不离。

自行车鞋

高尔夫鞋

冲浪板鞋

轮滑鞋

蛙鞋

军靴

水产养殖鞋

鞋子的时光隧道

从古至今，鞋子是怎么出现，又是怎样演变的呢？就让我们一起穿越时光隧道看一看吧。

大约在15000年前

人类就已经学会用动物的皮毛、植物的枝条包裹在脚上，来保护双脚了。

2700多年前

翘头履已经在中国出现，之后更是流行了好几个朝代，从而成为中国最富代表的鞋履。中世纪的欧洲，也曾出现了一种鞋头尖尖的鞋子，有的鞋头甚至长达1米左右。

大约4000年前

靴子出现了。这双在新疆楼兰出土的羊毛女靴，距今已有4000年的历史，由靴筒和靴底两部分组成，堪称世界第一靴。

大约5500年前

人类已经学会用动物的皮毛来缝制鞋子。这是考古学家在亚美尼亚山洞中发现的距今约5500年的鞋子。

公元 280—585 年

中国魏晋南北朝时期，木屐大受欢迎。

鞋豆豆历史课

古代鞋履等级区分严格

中国自商周时期起，穿鞋讲究等级制度，还出现了专门为天子掌管鞋履的"屦人"。这个时期的鞋，式样、做工和装饰已经十分考究，用材、施色、图案也根据服饰制度有了严格的规定，和衣服、头冠配合起来，形成了中国早期的服装体系。

1700 多年前

不论在古代中国，还是古埃及、古希腊，穿鞋子都要遵守严格的规定。不同地位的人会穿不同的鞋子，平民和奴隶大多穿草鞋或赤足。

17 世纪

中国清朝流行花盆底鞋，因为鞋子像花盆而得名，是清朝女子常穿的鞋子。几乎在同一时间，法国女子同样穿着高高的厚底鞋，有的鞋底高达 25 厘米。

25cm

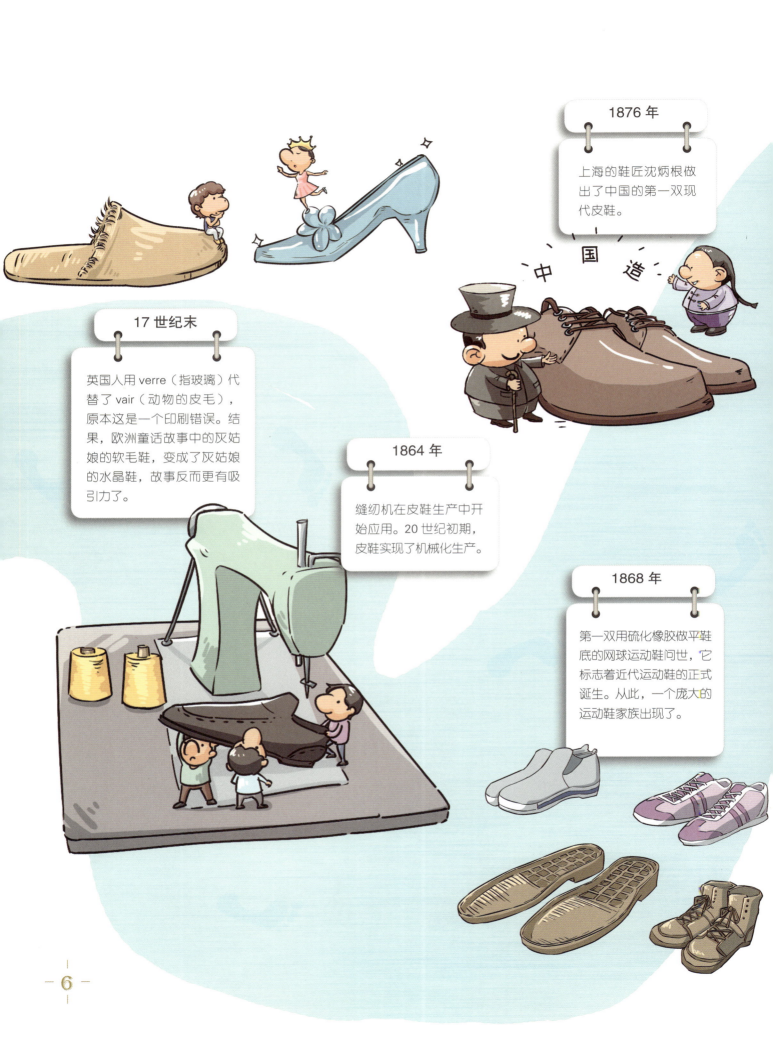

1876 年

上海的鞋匠沈炳根做出了中国的第一双现代皮鞋。

中 国 造

17 世纪末

英国人用 verre（指玻璃）代替了 vair（动物的皮毛），原本这是一个印刷错误。结果，欧洲童话故事中的灰姑娘的软毛鞋，变成了灰姑娘的水晶鞋，故事反而更有吸引力了。

1864 年

缝纫机在皮鞋生产中开始应用。20 世纪初期，皮鞋实现了机械化生产。

1868 年

第一双用硫化橡胶做平鞋底的网球运动鞋问世，它标志着近代运动鞋的正式诞生。从此，一个庞大的运动鞋家族出现了。

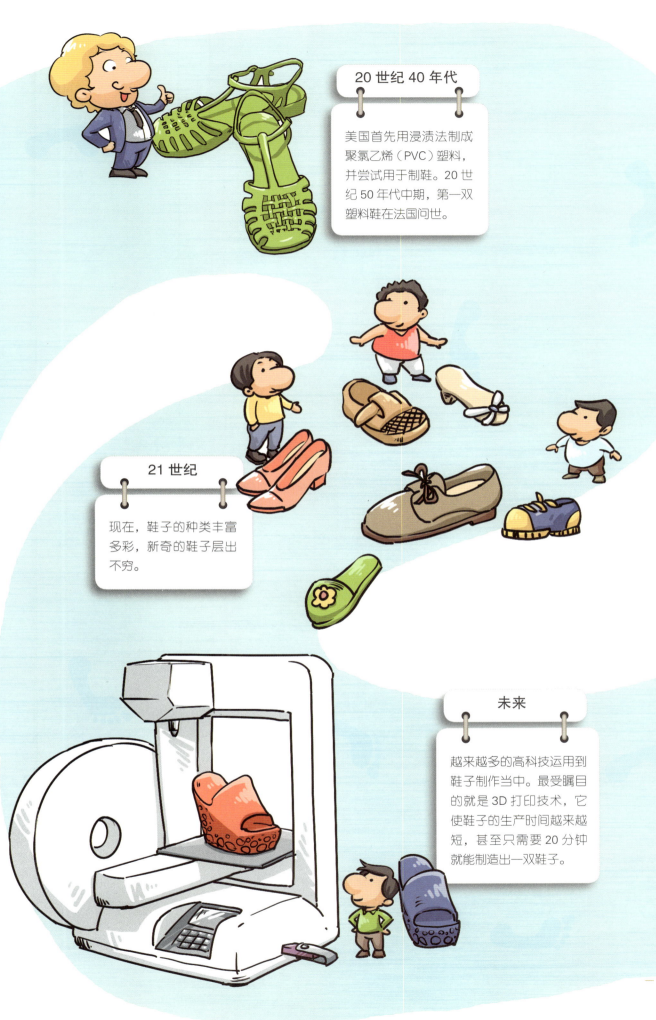

20 世纪 40 年代

美国首先用浸渍法制成聚氯乙烯（PVC）塑料，并尝试用于制鞋。20 世纪 50 年代中期，第一双塑料鞋在法国问世。

21 世纪

现在，鞋子的种类丰富多彩，新奇的鞋子层出不穷。

未来

越来越多的高科技运用到鞋子制作当中。最受瞩目的就是 3D 打印技术，它使鞋子的生产时间越来越短，甚至只需要 20 分钟就能制造出一双鞋子。

古代鞋子变形记

兽皮缝制的原始鞋

你知道吗，在蛮荒的原始社会，能拥有一双兽皮做的鞋子，可是一件了不起的事儿呢。那时的人们以打猎为生，光着的双脚常常会受伤。后来，人们发现动物的皮毛不仅能帮助抵御寒冷，还可以保护双脚，于是，就把动物的皮毛裹在脚上。

慢慢地，人们又学会了把动物骨头磨成针，并把动物的筋晒干做成线，用来缝合动物的皮毛。这样，才创造了基本贴合脚型的"原始鞋"。

可是，新鲜的兽皮容易腐烂，晒干后又非常硬，做出来的鞋子不舒服。于是，古人把动物身上的一些油脂涂抹在兽皮上，用手不停地揉搓，经过阳光照射，使兽皮变成了柔软的皮革，做出来的鞋子变得柔软、耐用。

鞋豆豆语文课

为什么鞋、靴的偏旁都是"革"字？

我们一般用"皮革"称那些经过加工处理的动物皮，"鞋""靴"的偏旁都是"革"字，这是为什么呢？在《说文解字》中就有对"革"的解释，"兽皮治去其毛曰革"，也就是指去了毛的兽皮。人类在很早的原始社会，就学会了用兽皮制成鞋子保护脚，所以，很多和鞋有关的字是"革"字旁也就不难理解了。

稻草编织的草鞋

那些生活在炎热、潮湿地方的古人又穿什么鞋子呢？他们充分利用一些植物的茎叶，经过巧妙地编织做成凉爽耐用的草鞋，听上去是不是有点神奇？可以说，编织技艺算得上是人类的伟大创造了。能够用来编织草鞋的植物种类非常多，有稻草、蒲草、麻、葛藤、芦苇等，草鞋的编织方法也是五花八门。

从唐代开始，麻取代了其他植物，成为制作草鞋的主要原材料，所以草鞋又被叫作麻鞋。和其他植物编织的鞋子比起来，麻鞋更加坚韧，舒适，有着良好的透气性、排汗性，直到今天，麻鞋仍然深受人们的喜爱。

 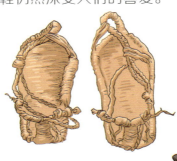

打草鞋

人们把制作草鞋叫作"打草鞋"，或者"推草鞋"。打草鞋的师傅骑坐在长条木凳上，凳子前面的木齿上系着几根麻绳，当作草鞋的经线，以稻草为纬线，通过搓、拧、揉等方法，用拇指把稻草推紧压实，就做成了厚实的鞋底。然后，把麻绳穿在鞋底上，就做成了一双草鞋。

鞋豆豆历史课

古代鞋名知多少？

古人把身上的服饰分为首衣、上衣、下衣和足衣，其中，足衣是鞋和袜子的总称。在这之前，古人把鞋叫作屦，春秋战国时期以后，"履"代替了"屦"，同时还出现了屐、靴、鞡等表示不同种类鞋子的名称。到了隋唐，"鞋"字才成为所有鞋子的通称，延续至今。

鞋豆豆历史课

刘备卖草鞋的故事

纵观三国历史，刘备毫无疑问是一位传奇的君王。可是，你知道吗，在他当皇帝之前，却生活穷困潦倒。幼时丧父，贫寒的家庭丧失了"顶梁柱"，刘备母子的生活苦不堪言。小刘备只能靠编织贩卖草席草鞋为生。刘备的母亲非常聪慧，她靠节衣缩食省下来的钱，将刘备送到了名师卢植门下求学。而刘备也发奋图强，靠着卖草鞋来支撑生活乃至理想，于是才有了之后的南征北讨，并终于建立了蜀汉政权，成为乱世中的一代枭雄。

高跟鞋的鼻祖——木屐

在我国魏晋南北朝时期，兴起了一种名叫木屐的鞋子。这是一种由木头制成、构造极为简单的鞋子，仅仅用绳子联结木质鞋底，并且在鞋底的前后两端装上两个木跟，就能在潮湿泥泞的路上行走啦。木屐看起来是不是和今天的高跟鞋有点像呢？

三国时期木屐的结构

小孔
用来穿绳

底板（鞋底）
用木料做成

绳带

屐齿

便于登山的谢公屐

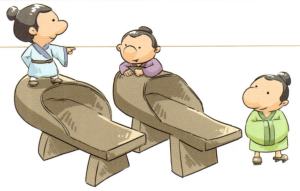

南北朝时期杰出的诗人谢灵运，喜欢游山玩水，他特意制作了一种便于登山的木屐，木屐的底部装有两个可以拆卸的齿，上山的时候去掉前齿，下山的时候则去掉后齿。这种特制的木屐被后人称为"谢公屐"。唐代诗人李白在他的《梦游天姥吟留别》一诗中写道，"脚著谢公屐，身登青云梯"，意思是脚上穿着谢公屐，攀登直上云霄的山路。

明代木屐

明代木屐已经和现代常见的中式木屐很相似了，它下边的齿不是另外装上去的，而是和鞋底板一体的。鞋的前端有少许翘起的部分，前中部以整块材料做成鞋帮，看起来是不是很漂亮呢？

鞋豆豆历史课

木屐的由来

是谁发明了木屐，已无从考证。历史上记载了这样一个故事，讲述了木屐的由来。

春秋时期，晋国公子重耳流亡国外，途中饥饿难忍，和重耳一起逃难的介子推割下自己身体上的一块肉，煮汤给重耳喝，重耳深受感动。十九年后，重耳返回自己的国家，称霸诸侯，史称"晋文公"，他奖赏了当初和他一起流亡国外的人，却忘了介子推。介子推不满，带着母亲跑到绵山藏了起来。晋文公到了绵山，却怎么也找不到介子推，于是，放火烧山，逼介子推出来。没想到介子推母子二人抱树而被烧死。于是每年的这一天晋文公不再吃热饭，这就是寒食节的来历。晋文公把介子推抱的那株大树制成木屐，让咯嗒作响的木屐之声时时提醒自己，不要重蹈覆辙。晋文公称死去的介子推为"足下"，这也是"足下"一词的由来。

色彩斑斓的缎面鞋

我国在很久以前就开始制作丝绸，到了殷商时代，丝织品有了很大的发展，人们不仅用丝织品制作漂亮的衣裳，还用它来制作色彩斑斓的缎面鞋。为了让鞋子变得更美观，人们把刺绣艺术用在鞋上，就诞生了绣花鞋。又因为它的独特与美丽，绣花鞋还被看作是中国独特的民间艺术。

用针把彩色的丝线、棉线缝在布上，构成漂亮的图案，这就是刺绣。

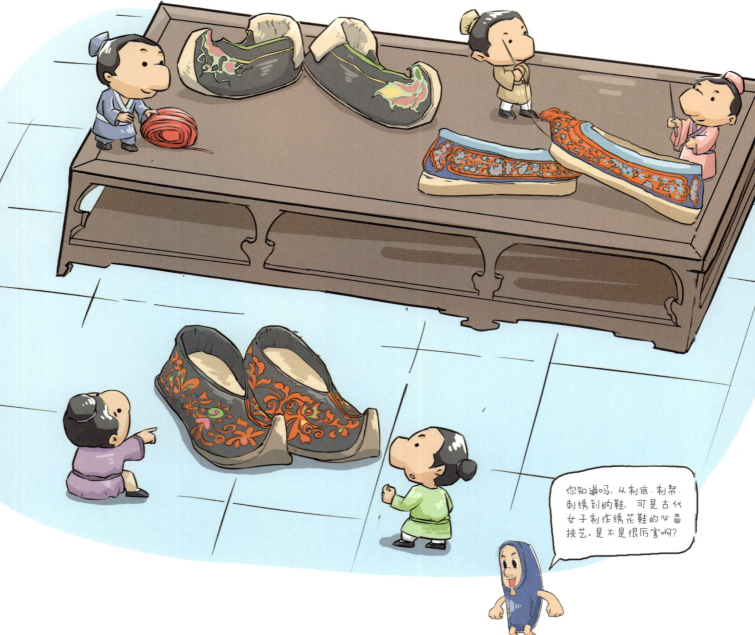

你知道吗，从制底、制帮、刺绣到纳鞋，可是古代女子制作绣花鞋的必备技艺，是不是很厉害啊？

有美好寓意的刺绣图案

在漫长的岁月里，我们的祖先以动植物和一些自然现象为题材，通过巧妙构思，创造出许多漂亮的图案，以此表达自己对美好生活的向往。古人把这些吉祥的图案绣在衣服、鞋上，把它们画在瓷器上……成为中国传统文化的一部分。绣花鞋的图案有花鸟草虫、飞禽走兽，还有一些图案象征吉祥、繁荣、幸福的生活，比如说，莲生贵子、榴开百子，蝶恋花、龙飞凤舞等。

龙飞凤舞

蝶恋花

莲生贵子

榴开百子

鞋豆豆民俗课

给予孩子祝福的虎头鞋

在民间，人们会在孩子满月、百天、周岁的时候，给孩子穿上虎头鞋，具有壮胆、辟邪、祝福的寓意。老虎作为兽中之王，是百姓崇拜的图腾，是勇猛、力量的象征。

便于骑射的靴子

生活在寒冷地方的北方游牧民族经常骑马，他们的鞋子必须既结实又保暖，还得适合骑马。什么样的鞋子才最适合他们呢？最开始，人们把一整张动物皮毛绑在腿上，既能挡风御寒，又能保护双腿不会被荆棘划伤。到后来，绑腿的动物皮毛和鞋子缝合在了一起，就变成了一种全新的鞋——靴。

可是，最早的时候，靴子只限于士兵和游牧时穿，不能出现在正式场合。直到唐朝靴子才在百姓中流行起来。于是，穿靴子逐渐成为主流，靴子的样式也越来越精美了。

唐朝乌皮靴

靴子在唐朝大受欢迎，连女子都穿上了靴子，非常潇洒。唐代诗人李白的《对酒》诗就为我们描绘了一名少女脚穿红锦靴的美丽形象。

鞋豆豆语文课

对酒

唐·李白

蒲萄酒，金叵罗，吴姬十五细马驮。
青黛画眉红锦靴，道字不正娇唱歌。
玳瑁筵中怀里醉，芙蓉帐底奈君何。

鞋豆豆历史课

"胡服骑射"的故事

战国时期，赵国常常受到邻国和少数民族的侵犯，为了富国强兵，赵国的国君赵武灵王决定进行军事改革，要求士兵像北方少数民族一样，身穿窄袖短衣，脚穿靴子，还要学习骑马射箭的本领。因为穿窄袖短衣和靴子，行动起来方便灵活，有利于作战，骑马射箭的本领则提高了军队的战斗力。为了给全军作出表率，赵武灵王带头穿起了"胡服"，得到人们的积极响应。经过改革，赵国国力增强，称霸一方。这段历史被后人称为"胡服骑射"。

奇特的翘头履

　　我国古代鞋子的款式大多鞋头上翘，称为"翘头履"。这是因为古人的衣服都很长，直达脚面，很像今天的长裙。为了行走方便，不会因为踩到了衣服边缘而跌倒，古人想了一个聪明的办法，加长鞋子的前端，就可以将长长的衣服托起来。这样做，既便于行走，还能在行走时有一种飘逸的风采。

鞋豆豆历史课

古人穿鞋不分左右

★古人的鞋子宽松，柔软，不分左右，也就是说，两只鞋子可以换着穿。对古人来说，左右鞋子不一样，有着不好的寓意，只有当时那些地位下等的人才会穿。

★虽然鞋子不分左右，但古人买鞋还是讲左右的。试鞋时，一般会先伸左脚，只要左脚能穿下，右脚就不用试了。

古代翘头履的鞋头样式

不同的朝代，流行不同风格的翘头履，有低翘、高翘，还有圆头、歧头。鞋翘的装饰图案有祥云、鸳鸯、如意、凤头为主流。男子也穿翘头鞋，只不过鞋翘简洁大方，而女子的翘头履则种类繁多，样式精美，像花儿一样绚烂。

唐代翘头履的鞋头样式

鞋豆豆语文课

郑人买履

从前有一个郑国人，想去买一双新鞋子，于是事先量了自己脚的尺码，并顺手把量好的尺码放在了座位上。等到了集市，他挑好了鞋子，才发现忘了带尺码，于是急匆匆地跑回家中去取。等他返回集市的时候，集市早已经散了，最终鞋子也没有买成。有人不解地问他："你为什么不用自己的脚去试试鞋子？"他却回答说："我宁可相信量好的尺码，也不相信自己的脚。"后来，人们就用"郑人买履"这个成语来形容那些做事死板的人。

有些残酷的弓鞋

你一定很好奇，弓鞋那么小怎么穿进去呢？那是因为在古代女子盛行缠足，缠足就是在小的时候把脚用布条缠绕裹紧，使脚变得又小又尖。这种缠足的风俗出现在我国宋朝，到了明清时期极为流行，脚小至三寸为最美，也叫"三寸金莲"。为了配合缠足，鞋子也改变了模样，做成小小尖尖的，样子也有很多种，常见的有高底弓鞋、尖头弓鞋、深脸圆口鞋等。事实上，这种风俗十分残酷，它改变了脚的形状，对身体的伤害很大，是一种已被废弃的"旧俗"。

弓鞋的种类

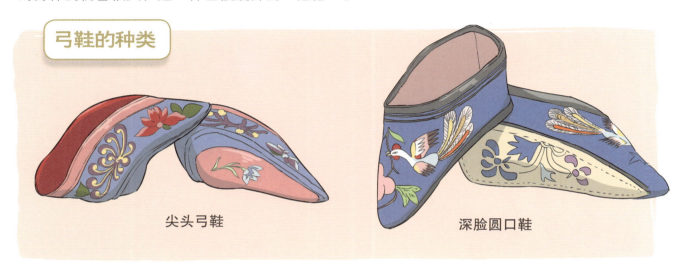

尖头弓鞋

深脸圆口鞋

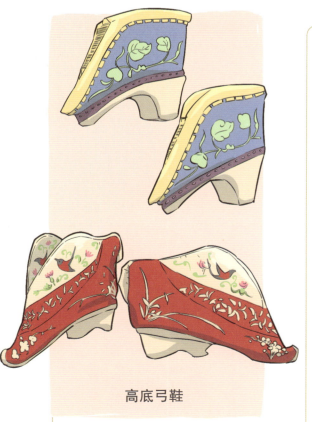

高底弓鞋

弓鞋的结构图

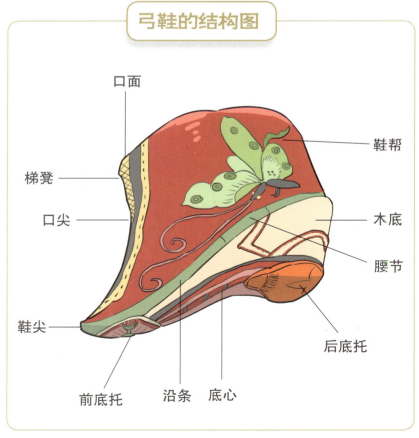

口面

梯凳

口尖

鞋尖

前底托　　沿条　　底心

鞋帮

木底

腰节

后底托

正常足部与缠足对比图

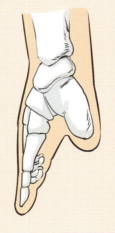

> 足弓如此重要，所以我们一定要好好保护双脚，养成良好的运动习惯，选择合适的鞋子。

鞋豆豆科普课

重要的足弓

脚内侧深陷的地方叫作足弓，它是由跗骨、跖骨，以及韧带、肌腱等组成的一个向上凸起的构造，分为纵向弓和横足弓。别小看了这个人体构造，它可以使我们在走路、运动的时候保持重心稳定，不会出现前倾或后倒；当我们跳跃或是从高处跳下来时，足弓可以减少地面对人体的反作用力，起到保护身体的作用。

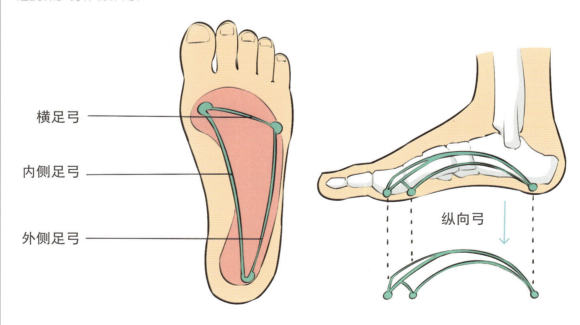

横足弓

内侧足弓

外侧足弓

纵向弓

极富特色的花盆底鞋

　　我国清代出现了一种"花盆底鞋"，是满族特有的鞋子，这种鞋子因底部像花盆而得名。花盆底鞋的底部用木头做成，外面裹着一层白布，鞋帮有各种精美的装饰。

　　关于花盆底鞋的起源，有很多有趣的说法：据说满族女子爱穿旗袍，穿上高高的花盆底鞋，能避免衣服拖地，又不会暴露双脚；花盆底鞋能增加身高，显得姿态优美；除此以外，高高的花盆底鞋能防止鞋面变脏。

这种花盆底鞋多为贵族中青年女子穿着。

这种鞋的特点就是"高"，一般的底高5～10cm，有的能达到10～14cm，最高的可达25cm。

鞋豆豆科普课
国外的厚底鞋

16世纪的意大利，也曾出现一种有着厚厚底子的鞋，名叫"Pianelle"。这种鞋的鞋底由木头做成，鞋面由皮革制成，样子为拖鞋状，鞋底的高度一般为20～25厘米，最高的可达30厘米，据说，穿上这种鞋子的贵妇人很难走路，需要侍从在旁搀扶才能艰难地迈出一步。

功能多样的现代鞋

时尚流行的西式皮鞋

到了 19 世纪末 20 世纪初，鞋子的样式和今天已经没什么差别了，变得越来越简单实用。人类发明了缝纫机以后，鞋子由原先的手工制作转变为机器制作，后来又发明了制鞋机，于是，鞋子就可以大规模地生产了。从此以后，大多数人都能拥有一双舒适结实的鞋子。

在当时，国外最受欢迎的就是皮鞋。西式皮鞋是怎么传入中国的呢？大约是在 19 世纪中晚期，大量的西式皮鞋随着外国人传入中国。当时，上海有一位制鞋技艺高超的鞋匠沈炳根，原本专门制作雨天穿的皮钉鞋，自从国外的皮鞋传入后，他开始学习修理皮鞋。在这期间，沈师傅对国外皮鞋进行了大量研究，并模拟脚型，自己动手制作鞋楦，最终做出了第一双皮鞋。后来，沈师傅筹集资金在上海开设了中国第一家现代皮鞋工厂，制作皮鞋的技艺便由他传播开来。后来，人们尊称沈炳根为"中国现代皮鞋的始祖"。

鞋豆豆科学课

为什么制作鞋子要用鞋楦？

这是因为人们在制作鞋子的时候，需要经常比对脚的尺寸，但又不能总是测量人们的脚，那样的话，实在太麻烦了！于是，人们按照脚的不同尺寸，用木头制作出不同大小脚的模型，称为鞋楦。可以说，鞋楦就像是脚的模特。它不仅决定了鞋的式样，更决定了鞋子是否合脚。

方便舒适的运动鞋

你在跑步时是不是会穿上一双舒适的运动鞋？你知道吗，以前的人们可没有这么幸运。20世纪初，人们喜欢上了运动，不少地方举办了各类体育竞技比赛。于是，人们渴望能有一双特别的鞋子，不仅能更好地保护双脚，还能帮助自己在比赛中取得更好的成绩。有了这样的需求，教练员、鞋子制造商和运动员都加入了研发运动鞋的行列中。就这样，运动鞋诞生了，并且逐渐壮大为一个庞大的家族，款式也不断翻新。

运动鞋的结构

弹性护跟
保护脚跟，避免关节受伤。

鞋口软垫
可固定脚踝，保护脚部的肌腱组织。

气垫
鞋底内藏气垫，可以将着地时的冲击力转为反弹力，减少体力的消耗。

鞋底
采用橡胶鞋底，因橡胶柔软耐磨，弹性极佳，非常适合各种运动。鞋底的花纹主要是为了防滑和增加安全性。

橡胶与运动鞋的诞生

1832 年

一位来自美国的印刷工人，每天都要站在机器前不停地工作，脚底由于长时间承受身体重力的压迫，而疼痛难忍，于是，他在脚底垫上了一块橡胶皮垫，疼痛明显有所缓解。后来，这位印刷工人干脆把橡胶皮钉在鞋底上，发明了橡胶底的鞋子。

1844 年

美国发明家查理·古德伊尔在一次试验中，偶然间把天然橡胶、松节油以及硫黄放在了锅里，一不小心，锅中的混合物溅到了灼热的火炉上。令他吃惊的是，混合物落入火中后并未熔化，仍然保持原样，炉中残留的未完全烧焦的混合物则富有弹性。他把溅上去的东西从炉子上剥了下来，这才发现，这个混合物是他一直想要的富有弹性的橡胶。经过不断改进，他在 1844 年发明了橡胶硫化技术，催生了运动鞋。

1968 年

第一双用硫化橡胶做平鞋底的网球运动鞋问世，它标志着近代运动鞋的诞生。此后，运动鞋成了一个庞大的家族。

鞋豆豆英文课

为什么 Sneaker 是运动鞋的统称？

英文单词"sneaker"原来是形容那些鬼鬼祟祟、几乎没什么动静的人。当第一双橡胶底鞋子诞生后，穿上它既轻便又不会发出什么声响，于是，人们就用"sneaker"形容这种鞋子。后来，"sneaker"成为运动鞋的统称。

轻便好玩的轮滑鞋

你知道是谁发明了轮滑鞋吗？一位爱溜冰的苏格兰人。在 18 世纪时，这位苏格兰人希望在夏天也能溜冰，为了实现这个想法，他把木质线轴装在鞋子下面，这样就轻松地滑行了起来。这种奇思妙想催生出了"轮滑鞋"，一种带轮子的鞋。为了能滑得更快，人们不断地改进轮滑鞋的设计，从最初的"木质线轴"，发展出了单排两轮、单排三轮等轮滑鞋，经过长期实践和创新，最终，有了今天的单排轮滑鞋和双排轮滑鞋。

单排轮滑鞋

轮子的直径越大速度越快，宽度越小阻力越小，轮子越软，减震效果越好。

鞋内套

鞋壳

扣带

刹车

滑轮

底座

单排轮滑鞋运动

❶ 街头竞速

也就是在规定的路面上进行速滑比赛，仅仅是靠 4 个直径 5 厘米的小轮子，优秀的选手可以创造出 60 ～ 80 公里的时速来，令人惊叹。

❷ "U" 形池运动

从 "U" 形池中一跃而起，最高可以达到 15 米，跃起后作出各种高难动作。

双排轮滑鞋

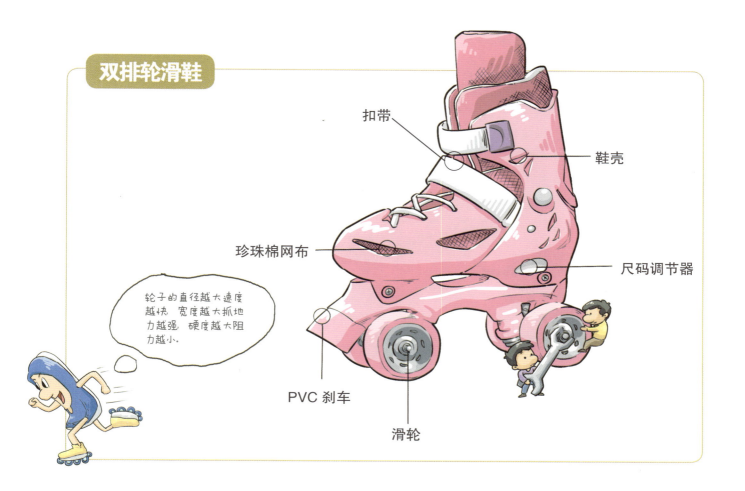

扣带

鞋壳

珍珠棉网布

尺码调节器

轮子的直径越大速度越快，宽度越大抓地力越强，硬度越大阻力越小。

PVC 刹车

滑轮

双排轮滑鞋运动

特技轮滑

轮滑球

花样轮滑

玩轮滑时，记得一定要戴好护具！

翩翩起舞的足尖鞋

你看过芭蕾舞吗？伴随着美妙的音乐，女芭蕾舞演员翩翩起舞，她们脚步轻快、动作优雅，就像童话故事里的公主一样美丽。其实，对于每一位芭蕾舞演员来说，只有经过刻苦的训练才能拥有最完美的表现，而一双又一双足尖鞋见证了她们的辛劳。

芭蕾舞：用脚尖跳舞的艺术

芭蕾舞是在欧洲各地民间舞蹈的基础上，经过几个世纪的加工、完善而形成的，是具有严格规范和结构形式的欧洲传统舞蹈艺术。19世纪以后，芭蕾舞的一个重要特征就是女演员要穿特制的足尖鞋用脚尖跳舞，所以也被叫作脚尖舞。

在观众看来，用脚尖跳舞轻松愉快，女演员脚上那粉红色的芭蕾舞鞋是那么优美高雅，但实际上，用脚尖跳舞十分困难，能坚持下来要得益于足尖鞋。

足尖鞋：让脚尖直立起来

足尖鞋是指芭蕾舞演员穿的特制舞蹈鞋，其鞋头经过特殊处理，由特殊的胶水把布一层一层地粘起来，形成一个硬硬的鞋头，并且在最前端有一个小小的平面；鞋底内外分别用橡胶鞋板和皮质鞋板做成。芭蕾舞演员就是靠鞋板的力量支撑立起来，并利用鞋头的小平面稳定重心。

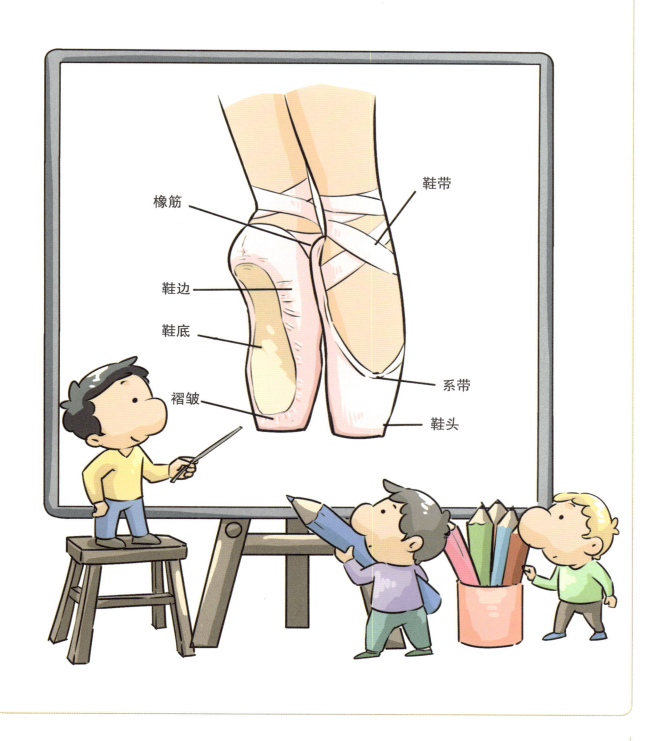

橡筋

鞋带

鞋边

鞋底

系带

褶皱

鞋头

鞋子是怎么制作的
精益求精的手工制鞋

别惊讶，我们现在穿的鞋子中，依然会有手工制作的哦！特别是皮鞋，因为手工匠人精湛的工艺而独具魅力，手工制鞋也成为一种可贵的手工技艺。现在，就让我们去看看这些匠人是怎样工作的吧！

量脚：专业技师精确测量脚的长度、宽度和高度，这些数据是制作鞋楦的重要依据。

制作鞋楦：获得脚的尺寸之后，制楦师仿照脚的形状做出适合的模具。

鞋楦就像脚的模特，无论是手工制作还是机器生产，做鞋子都必须依靠鞋楦才能完成。

制作中底：根据鞋楦裁剪用来作为鞋中底的皮料，并且把它固定在鞋楦底部。

3

设计鞋款：设计师根据顾客的要求，设计鞋款样式草图，并通过反复修改草图，最终在鞋楦上直接描画鞋款的立体效果。

4

裁剪皮料：皮料裁剪师将设计师设计出的式样图，转画为纸样，利用纸样裁剪皮料。

鞋楦的变化

早期的鞋楦大部分采取简单的对称结构，鞋子需要靠自己的脚反复试穿来区分左右。1818 年，鞋楦开始有左右脚的分别，因此制造出来的鞋，不需要区分就可以直接穿了。

6

缝制鞋面：将裁剪好的各部分皮料进行整理，然后再缝合起来。

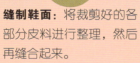

5

制作装饰花纹：利用各式各样的工具，在裁剪好的皮料上刻出各种装饰花纹。

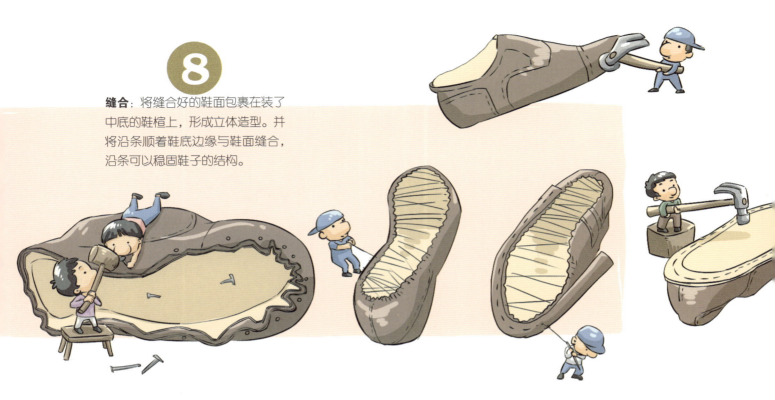

8

缝合：将缝合好的鞋面包裹在装了中底的鞋楦上，形成立体造型。并将沿条顺着鞋底边缘与鞋面缝合，沿条可以稳固鞋子的结构。

9

加入填充层：沿条缝制完毕后，需要在鞋中底上加入填充层。比如说，为了增加鞋子的抗弯折性能，会在足弓位置加入弹力钢条，而在鞋底贴上软木片，能吸湿防潮。

鞋豆豆历史课

路易十四的高跟皮鞋

路易十四是法国历史上一位非常有名的国王。他个子不高，喜爱炫耀，为了显示自己的尊贵地位和男子气概，路易十四特意穿上了红底和红跟的高跟皮鞋，并且规定只有他和其他贵族才配穿这样的鞋子。那时的贵族既不用在田间劳作，也用不着走太多的路，不实用的高跟鞋成了他们身份与地位的象征。

10

装上鞋跟：将鞋底与沿条缝制在一起，鞋底就做好了，再装上鞋跟，一双皮鞋基本制作完成。

11

整理润色：鞋子做完后，还要检查和修整每一个细节，一双漂亮的鞋子就诞生啦！

现代化生产的运动鞋

手工制作的鞋子虽然很好，但是制作很费时间。相比较来说，机器制鞋则快多了，有了机器的帮助，人们做起鞋来更加方便。那么运动鞋是怎么制作出来的呢？一起去看看吧。

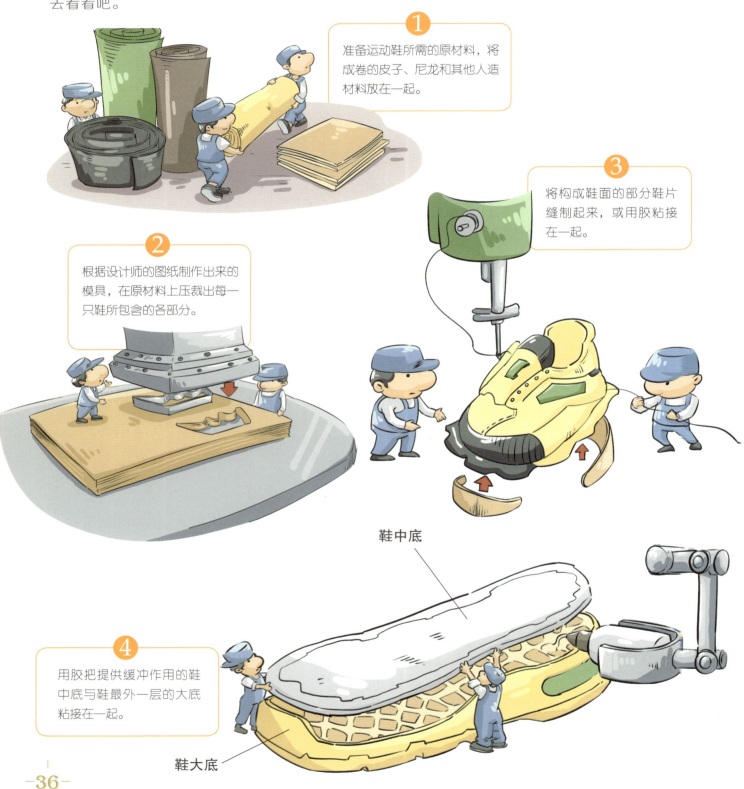

1 准备运动鞋所需的原材料，将成卷的皮子、尼龙和其他人造材料放在一起。

2 根据设计师的图纸制作出来的模具，在原材料上压裁出每一只鞋所包含的各部分。

3 将构成鞋面的部分鞋片缝制起来，或用胶粘接在一起。

4 用胶把提供缓冲作用的鞋中底与鞋最外一层的大底粘接在一起。

鞋中底

鞋大底

原来，当我们走路时，鞋底的花纹就像小爪子一样，产生一种力量，能够帮助我们牢牢地抓住地面，使鞋底很难滑动，这种力量叫作摩擦力。而摩擦力的大小和鞋底花纹的形状、深浅有很密切的关系。凹凸不平的鞋底花纹越复杂，摩擦力越大。

鞋帮

木楦

鞋内底

5 将鞋内底附在木楦底部，机器将鞋帮套在木楦上，用胶先将鞋帮与内底黏合，再将已经合为一体的鞋中底、鞋大底牢牢地粘到鞋帮上。

6 取出木楦，并为鞋穿上鞋带。

7 进行检验，去除多余的胶，将鞋配对成双后装入包装盒内。一双新的运动鞋就做好了！

解密高科技太空鞋

你是不是也梦想着有一天能飞上太空呢？其实，早在20世纪50年代，人类就开始了探索太空的旅程，先是发射了人造卫星，又完成了载人太空飞行，实现太空漫步，然后登上月球……可以说，随着科学技术的不断进步，我们人类探索太空的旅程变得越来越精彩。可是，你一定好奇，探索太空和鞋子有什么关系呢？那当然了，一双看上去笨笨的太空鞋，可是航天员的重要装备之一。它不仅有很高的科技含量，还载着人类的飞翔梦想呢。

希望有一天，我也能够成为一双会飞的鞋子，遨游太空。

每双太空鞋都是定做的

航天员的每双鞋子都是定做的，以确保每双鞋都能非常贴合航天员的脚型。在研制时，会采用特殊方法测量航天员的脚，而且要把脚的各个部位都量一遍，连航天员鞋内穿的袜子都算在内。

航天员穿的鞋子其实是一双靴子，制作太空鞋可不是一件容易的事情。

太空鞋分很多层

航天员的靴子有很多层，分别由不同的材料组成，在制作的过程中，研究人员要试验上百种材料，才能选出性能最好的材料用来做靴子，实现防静电、防尘、防辐射、防污染、防刺穿等功能。

防尘

防污染

防辐射

防静电

防刺穿

太空鞋从制作到穿到脚上，是不能沾染一粒灰尘的，因为任何一粒灰尘都有可能带电，这将危及航天员的安全。

小实验：如何让鞋子防水

如何能够让一双普通的鞋子具有防水的功能呢？其实只要简简单单的几个步骤，就可以轻松搞定。你也来试试吧！

材料

（1）蜡烛
（2）帆布鞋
（3）吹风机

小朋友，请在家长的指导下进行实验哦！

步骤

1 用吹风机吹一吹蜡烛，让它变软一些。

2 将蜡烛涂抹在需要防水的鞋子上。

3 再用吹风机吹一吹涂完蜡烛的鞋子。

4 蜡烛融化后，鞋子就和之前没有区别了。这样，防水鞋子就做好啦。

涂蜡

防水小实验

1 首先，测试没有涂蜡烛的布鞋。将水倒在鞋面上，看，没有涂抹蜡烛的布鞋已经湿透了。

① ←

2 接下来，我们测试涂抹蜡烛的鞋子。显然，涂抹蜡烛的鞋子一点也没有湿。

② →

为什么涂抹蜡烛的鞋子不会变湿呢？

蜡是一种疏水材料，它的表面覆盖有油酸或硬脂酸等一系列疏水结构，这样它就不会被水所溶解，而水珠则会顺着表面流走。当蜡涂到鞋的表面后，就像包上了一层保护膜，阻止了水与鞋的接触，自然鞋就不会变湿了。

轻松做一双纸拖鞋

拖鞋穿起来舒服又方便，你知道它是怎么做成的吗？不妨邀请爸爸妈妈和你一起制作一双纸拖鞋吧。

—— 材料 ——
卡纸、笔、剪刀
双面胶、彩纸

步骤

1 将卡纸放在桌面上，再把鞋子放在纸上面，用笔在卡纸的左侧画出鞋的轮廓。

2 将卡纸对折，用剪刀照着鞋的轮廓剪下来，这就是鞋底。

鞋垫　鞋底　鞋底　鞋垫

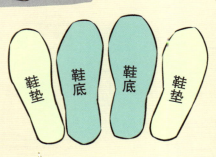

4 将卡纸对折，月剪刀照着鞋垫的轮廓剪下来，这就是鞋垫。

3 换一张其他颜色的卡纸，把鞋底放在纸面上，用笔在卡纸的左侧画出鞋垫的轮廓。

5 用另外一种颜色的卡纸剪出四条纸带，纸带的长度要大于鞋底的宽度。

6 将双面胶按照图中的位置粘在四条纸带上。

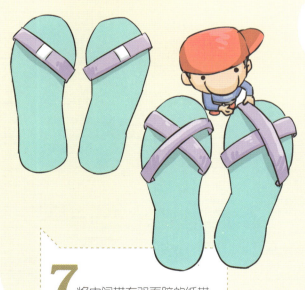

7 将中间带有双面胶的纸带，先固定在鞋垫上；将另外两条纸带交叉固定在鞋子上，这样一双小拖鞋基本就做好了。

8 把鞋垫粘在鞋底上，就大功告成啦。

鞋豆豆旅行记

我和我的小伙伴曾经到世界各地去旅行，在旅途中遇到和听说了很多有趣的事……

1 新西兰：买鞋还需"处方"

在新西兰，有很多家鞋店专卖"健康鞋"。顾客可以拿着医生开具的"买鞋处方"到鞋店，售货员会根据处方上的建议，为顾客挑选合适、健康的鞋子。很多人认为鞋对于人们的健康非常重要，穿得不对，很可能对身体造成伤害，尤其是那些脚有疾患的人。如何选鞋是一门学问，需要接受医生的专业指导。

2 非洲：特色轮胎鞋

在一些非洲国家，贫穷的人们使用废旧的汽车轮胎制作鞋子。这种变废为宝的做法，不仅节省了买鞋的开支，还保护了环境免遭污染。

3 专为最高的人制作鞋子

德国西部的一个小镇，有一位名叫乔.维赛斯的制鞋匠，专门为世界上最高的人制作特大号鞋子。这些男子的身高都在2.3米以上，他们的鞋子看上去就像一只船。

4 疯狂的鞋子博物馆

在所有的鞋子博物馆当中，加拿大的贝塔鞋子博物馆最引人瞩目。馆内所收藏的鞋子多达12000件，横跨了4500年的历史，是世界上最大的鞋子博物馆。这里的每一双鞋子都有一段有趣的故事。

5 用新娘的鞋子饮酒

在乌克兰的传统婚礼上，偷新娘的一只鞋子是一种风俗习惯。如果新娘被客人偷到一只鞋子的话，这位"小偷"客人就可以向婚礼上的亲朋好友提一些"好玩"的要求，比如用新娘的这只鞋子饮酒。别担心，只是将酒杯放到新娘的鞋子里面，并喝掉杯子里的酒。

6 被抛入太空的鞋子

陪伴航天员阿姆斯特朗登上月球的那一双靴子在他完成任务、回到地球以前，被抛入了太空，以防止污染。或许，这又靴子现在还飘浮在太空中呢。